Martin Darting

Das sensorische Weinbild

Geschmack finden mit Bildern

53 Farbfotos und Weinbilder

Inhaltsverzeichnis

Südafrikanische Shiraz

Braune Farbkomponenten übersetzen aus dem Aroma und dem Geschmack des Weines würzige Holznoten, Vanille und balsamische und cremig-wirkende Charaktereigenschaften.
Leichtes Grün und Blau-Variationen zeugen aber doch von Jugendlichkeit und mineralischer Aktivität, die dem schwer anmutenden Rotwein etwas Dynamik und Bewegung verleihen.

Vorwort

Wenn Sie dieses Buch lesen und „anschauen“, werden Sie einen Eindruck davon gewinnen, wie der Duft von Wein oder außer auf die „gewöhnliche“ Art und Weise, nämlich Duft allgemein noch mündlich oder schriftlich, auch sonst noch kommunizieren kann. Eine neue Methode, die aufdeckt und Geschmack und Duft fassbar und nachvollziehbar macht. Ungewöhnlich, neu, vielleicht auch ein bißchen verrückt und bestimmt etwas revolutionär, Aber dennoch schlüssig und praktikabel.

Ich wünsche Ihnen viel Freude, dabei ihre eigenen Sinneswahrnehmungen (Synästhesie) zu entdecken. Die Anwendung ist denkbar einfach: Gefällt Ihnen die bildhafte Darstellung eines Weines oder Duftes, gefällt, schmeckt oder riecht Ihnen auch das dazugehörige Produkt sehr wahrscheinlich angenehm.

Dieser Effekt ist die zentrale Aussage in diesem Wein-Bilderbuch. Komplexeste Geschmackserlebnisse lassen sich hier sehr einfach erkennen und zugleich für jeden persönlich beurteilen und einteilen. Im Text wird versucht, das „Warum“ zu erklären, die Hintergründe für diese Farbdarstellung zu verstehen. Sie können aber auch gleich in den Bilderteil blättern und sich erstmal von den Bildern inspirieren lassen und später dann nachlesen. Bilden Sie sich selbst ein Urteil. Und vor allem sollten Sie dieses Buch mit einem genießerischen „Auge“ betrachten.

Martin Darting, im Frühjahr 2013

Vorwort von Natalie Lumpp

Er ist ein absoluter Ausnahmefall in der Sensorik: Martin Darting. Liebevoll nenne ich ihn seit Jahren den „Sensorikguru“. Tatsächlich befasse ich mich auch schon lange mit dem Thema der Sensorik, aber lange nicht mit dem umfangreichen Wissen und der konsequenten Umsetzung von Martin Darting.

Wir wollen Weine ja richtig erleben, und nicht einfach den guten Tropfen hinunterstürzen. Dazu ist es natürlich hilfreich, den Wein auch zu erkennen. Ist er leicht und frisch, säurebetont, mineralisch, gerbstoffbetont?

Martin Darting ist in diesem Buch mit der Farbsensorik einen ganz neuen Weg gegangen. Mit den Bildern, beziehungsweise den Farben können Sie die Weine auf einfache Weise erfahren – und sie auch leichter zuordnen. Ihren Favoritenwein können Sie sich auch merken und ihn viel intensiver erfahren. Aufs Bild schauen und schon wissen Sie, ob er Ihnen schmeckt und wie er schmeckt. Glauben Sie nicht? Probieren Sie es aus!

Ich weiß, dass sich Martin Darting schon viele Jahre mit der Erfassung der Weine auseinandersetzt. Dazu hat er noch die ideale Voraussetzung, denn er ist gleichzeitig ausgebildeter Winzer.

Unvergesslich fand ich auch, als Martin mich fragte, mit welchem Musikinstrument ich einen Riesling vergleichen würde: Klarinette oder Oboe? So eine tolle Idee! Der Riesling kommt so fein wie eine Klarinette daher.

Nun wünsche ich Ihnen aber erlebnisreiche Weinproben, wenn Sie in die Bilder und Farben von Martin Darting eintauchen.

Ein herzliches Prosit!

Ihre Natalie Lumpp

1 Geschmack „finden“?

Geschmack einfach finden? Dem Gegenüber kurz erklären, welchen Weintyp man exakt mag, was man gerne trinken würde? Ach, wenn das so einfach wäre. Es gibt so viele Weine und Geschmacksrichtungen. Wie soll man sich da zurecht finden?

So geht es nicht nur Ihren Kunden, umgekehrt ist es auch für Sie als Profi schwer, den Geschmack eines Kunden zielsicher und schnell herauszufinden. Bestimmt kennen Sie folgende Situationen:

Beispiel 1

Sie sind Weingenießer, haben aber noch keine große Erfahrung mit sich und Ihrem Weingeschmack. Manchmal schmeckt der Wein, manchmal nicht. Stehen Sie vor einem Weinregal, fällt es Ihnen schwer, auch nur die Richtung zu finden, wo die „Reise“ hingehen soll. „Rot oder Weiß“ reicht vielleicht in einer Hamburger Eckkneipe, aber Sie wollen mehr. Sie wollen selbst einschätzen lernen, was Ihnen wirklich schmeckt und was Sie kaufen können, ohne sich nachher zu ärgern. Am besten Sie gehen zu einem Weinhändler oder einem Winzer und probieren einfach alles, oder? Das geht naturlich nicht, jedenfalls braucht man auf diese Art sehr lange, um sich „seinen“ Geschmack zu erarbeiten. Es geht aber auch einfacher!

Beispiel 2

Ein Kunde kommt in Ihren Laden und fragt nach „Wein“. Selbst wenn Sie ein guter Weinverkäufer sind, wird es manchmal zum Alptraum, einen unerfahrenen Kunden zielsicher zu „seinem“ Wein zu führen.
Der erfahrene Kunde ist für Sie ein „no event“, ein offenes Buch. Er weiß was er will, kann das auch mitteilen und Sie können ihm als Experte schnell sagen, was für ihn aus ihrem Sortiment in Frage kommt. Doch der Anfänger, der unschlüssige Genießer, der ist eine harte Nuss. Da könnten Sie schon eine Hilfe gebrauchen, oder?

Abb. 1. So sieht ein typisches Weinetikett aus. Aber wie schmeckt der Wein?

1.1 Hilft uns das Etikett?

Das Etikett dient als Informationsträger des Weines. Abgesehen von den gesetzlich vorgeschriebenen Angaben, wie vorhandener Alkoholgehalt und Füllmenge, gibt es viele fakultative Kann-Angaben oder, die über das Produkt Informationen geben sollen, wie z. B. die Herkunft oder Geschmacksangaben. Da diese weder in Form noch Inhalt zwingend vorgeschrieben sind,
sind die Erkenntnisse daraus sehr unterschiedlich.

Über Geschmack lässt sich bekanntlich nicht streiten. So hat natürlich jeder Winzer seine eigenen Vorstellungen, wie die Gestaltung eines Etikettes aussehen soll und welche Angaben Informationen geben, was sich in der Flasche verbirgt.

Abb. 2. Viele Weine zur Auswahl, doch was schmeckt mir davon?

> „Wie schmeckt wohl dieser Wein?" Dies ist die am meisten gestellte Frage, wenn man vor einem Weinregal eine Entscheidung treffen muss. Man sucht nach Geschmacksangaben auf dem Etikett und findet bisweilen Beschreibungen, mit denen man nichts anfangen kann.

„Lecker", „super frisch", „spritzig", im besten Falle „fruchtig" und „harmonisch" lauten die meisten Beschreibungen für einen Wein. Die gesetzlichen Angaben „trocken", „halbtrocken" oder „lieblich" sind auch nicht wirklich hilfreich.

Warum ist es gerade beim Geschmack so schwierig, ihn verständlich zu kommunizieren und zu beschreiben?

1.2 Über Geschmack reden ...

... ist eigentlich keine Kunst; angefangen von der frischen Erdbeermarmelade, über die Hühnchensuppe, den trockenen Riesling, das belegte Brötchen, das Hummercarpaccio – jeder macht dies täglich. Meist sind es jedoch hedonistische Äußerungen wie „lecker“, „gut“, „toll“; manches mal werden auch Aromen genannt wie „würzig“ oder „fruchtig“... Das reicht aber nicht, denn jeder empfindet anders und jeder drückt dies auch anders aus. Wir brauchen eine Methode, um uns so auszudrücken, dass es jeder gleich interpretieren kann, es jeder versteht.

Erst wenn die Anforderung gestellt wird, „genauer“ über Geschmack zu reden, merkt man, dass dies gar nicht so einfach ist. Auf was bezieht sich nun das „genauer“? Schnell stellt man sich die Frage: „Was ist eigentlich Geschmack“?

Abb. 3. Es ist gar nicht so einfach, Wein verständlich und nachvollziehbar zu beschreiben.

2 Was ist Geschmack?

Der Begriff „Geschmack“ ist eine beurteilende Aussage. Geschmack ist hier das Zusammenspiel verschiedener Sinneseindrücke.

2.1 Wie funktioniert Geschmack?

Der menschliche Geschmack ist das Zusammenspiel von Riechen, Schmecken, Fühlen und Sehen. Diese Informationen erhalten wir über die chemischen Nahsinne und über das Auge.

Die **Nase** ist zuständig für die Aufnahme der flüchtigen Stoffe (Aromen), der Mund für die schmeckbaren wie „salzig“, „sauer“, „süß“ und „bitter“, ebenso wie für den so genannten Umami Geschmack nach Glutaminatsäure und einigen Fetten.

„Umami“
1908 entdeckte der Japaner Kikunae Ikeda diese Schmeckvarianten, die mit fleischig, herzhaft, bisweilen als Wohlgeschmack beschrieben wird. Es handelt sich um einen Rezeptor der Glutaminatsäure (Neurotransmitter und nicht essentielle Aminosäure).

Ebenfalls im Mund bekommen wir Informationen darüber, wie sich ein Produkt **anfühlt**. Wir erhalten Informationen darüber, ob ein Wein z. B. warm oder kalt ist, ob wir eine weiche Banane oder einen harten Apfel im Mund haben. Dieses Mundgefühl nennt man in der Sensorik „Haptik“. Sehr viele Nervenendungen (Rezeptoren) mit sehr spezifischen Aufgabenprofilen vermitteln diese Information.

2.1.1 Geschmack funktioniert holistisch

Ein Phänomen bei der Geschmacksaufnahme besteht darin, dass unser Essen und eben alles, was in den Mund kommt, holistisch aufgenommen wird. Das bedeutet, dass alle geschmacksgebenden Inhaltsstoffe zu einem Zeitpunkt in Nase und Mund wirken und die spezifischen Rezeptorreize als elektrische Reize in die entsprechenden Hirnzentren transportiert werden. Erst unser Gehirn assoziiert Gefühle, Abneigungen oder Erinnerungen zu diesen Geschmäckern.

„Holistisch?“
Wein, Bier oder auch Speisen schmecken nur in ihrer Komplexität „gut“, denn alle geschmacksgebenden Inhaltsstoffe kommen gleichzeitig in den Mund.

Ebenso verhält es sich beim Betrachten eines Bildes. Auch das Auge reagiert holistisch auf visuelle Reize. Die reflektierten Farbsequenzen und deren Kombinationen werden von den Rezeptoren der Netzhaut als elektrischer Reiz in unser Sehzentrum weitergeleitet und dort zu einem Bild „zusammengebaut“. Ein Bild wird also auch holistisch wahrgenommen.

2.1.2 Sprache funktioniert aber dynamisch

Sprache bzw. verbale Kommunikation funktioniert nicht holistisch, sondern sie ist dynamisch. Das bedeutet, dass Zeit verstreichen muss, um Sprache zu hören. Die einzelnen Buchstaben werden zu Wörtern zusammengefasst und über Betonungen wie laut und leise **nacheinander** ausgesprochen. Kämen alle Worte auf einmal (holistisch), so könnte man nichts verstehen. Es wäre ein lauter Knall oder eine kurze laute Geräuschkulisse zu hören. Ebenso verhält es sich mit der Musik; auch sie ist zwingend dynamisch. Erst die zeitliche Abfolge der aneinander gereihten Töne lassen Musik entstehen.

2.1.3 Wir können beides zusammen bringen

Diese beiden Systeme funktionieren nebeneinander, und wir sind es auch gewohnt, holistische Informationen mit Sprache zu beschreiben. Auffallend dabei ist, dass i. d. R. alle Reize, die in unserem Gehirn verarbeitet werden, eigentlich nicht beschrieben, sondern direkt beurteilt werden.

Beispiel:

Mode gefällt oder gefällt weniger. Die meisten Gegenstände werden direkt beurteilt, z. B. Häuser, Autos oder auch Kunst. In schön oder weniger schön, passend oder nicht passend etc.

Eine Beschreibung holistischer Wahrnehmung bedeutet, den holistischen Wert in Zeiteinheiten aufzuteilen und die holistische Information in einzelne Sequenzen aufzugliedern. Die Beschreibung (dynamisch) holistischer Wahrnehmung entspricht der quantitativen Dokumentation der einzelnen Reize.

Beispiel:

Wie verändert sich z. B. ein Parfum auf der Haut? Zuerst ist es fruchtig, danach wird es würzig, als Basisnote bleiben blumige oder balsamische Noten.

2.2 Von der Reizaufnahme zur Reizbeurteilung

Wird ein sensoaktiver Stoff, also ein Aroma oder ein schmeckbarer Stoff, von einem Rezeptor „erkannt", werden elektrische Reize in entsprechende Hirnregionen gesandt. Zu diesem Zeitpunkt lässt die Funktionalität unserer Rezeptoren und die Art und Weise der Reizweiterleitung die Aussage zu, dass in diesem Stadium der Reizverarbeitung, bei gleicher Reizquelle, dieselben Reize bei verschiedenen Menschen gleichartig weitergeleitet werden.

2.2.1 Die Empfindung

Dieser Zeitpunkt der Reizweiterleitung ist durch den Begriff der „Empfindung" oder „Perzeption" definiert. Der Empfindungszustand eines Reizes ist also unbewusst, befindet sich quasi vor der Wahrnehmung. Diese Reize durchströmen mehrere Hirnzentren gleichzeitig, hinterlassen aber unterschiedlichste Reaktionsmuster und werden zu guter Letzt ab einer gewissen Reizintensität in der Großhirnrinde zur Wahrnehmung.

Sobald aus dem Reiz Wahrnehmung (Sensation) wird, werden Erinnerungen, subjektiv Erlebtes, Gefühle gleich welcher Art und viele unserer Sozialisation entspringende Einflüsse mit den sensorischen

Empfindungen verknüpft. Daher ist subjektiv Wahrgenommenes so schwer zu erklären, weil sehr viele, das Individuum betreffende Einflüsse die Wahrnehmung bestimmen und beeinflussen.

Die Beurteilung einer persönlichen Wahrnehmung, die ursprünglich aus einem objektiven Reiz entstand, kann daher nur subjektiv beschrieben und beurteilt werden.

2.3 Der Versuch der objektiven Beschreibung

Das Ziel jeder Wahrnehmungsbeschreibung oder Beurteilung (z. B. eines Weines oder einer Speise) ist die **Wiedererkennung** durch andere. Nur wenn ich verstehe, was ich gehört habe (ob das wirklich dem Gesagten entspricht, ist eine vollkommen andere Frage), weiß ich, was das Gesagte bedeutet oder bedeuten könnte. Mehrmaliges Nachfragen und Überprüfen des Gehörten erhöhen den „Wiedererkennungseffekt". Bei entsprechendem Verständnis kann ich das Gesagte auch erneut wiedergeben, also reproduzieren, und daraus einen Nutzen oder eine Information ableiten.

In der Praxis wird nun versucht, subjektiv Wahrgenommenes verschiedener Menschen wieder zu objektivieren. Ziel ist also, die Ursprünglichkeit des einstigen Reizes wieder herzustellen oder zumindest die Beurteilungen einzelner zu bündeln und objektiven Fakten wie z. B. Analysedaten zuzuordnen.

Trotz unterschiedlicher Evaluierungsmethoden und Tests liegt der Wiedererkennungseffekt weit hinter den Erwartungen zurück. Beim Wein liegt er bei gerade mal 25 %.

Beispiele typischer Weinbeschreibungen

... eine hedonistische Weinbeschreibung
„Super leckerer Wein mit toller Aromatik und einzigartigem Charakter. Sein harmonischer Nachhall und seine Gesamtausstrahlung sind ausgeprägt und hochwertig".
Eine solche „Beschreibung" ist eine subjektive Beurteilung und muss nicht für andere nachvollziehbar sein. Fachliche Informationen über dieses Produkt sind nur schwierig und vage daraus abzuleiten.

... eine „fachliche" Weinbeschreibung
„Hellgelber Wein mit grünlichen Reflexen. Im Duft feinfruchtig mit etwas Apfel und Stachelbeere, im Abgang herb mit frischer Säure und reifem Geschmack nach gelben Früchten und würziger Erdigkeit. Ein leichter Sommerwein mit charakteristischer Aromatik".
Auf den ersten „Blick" hört sich diese Beschreibung fachlicher an. Sie ist zwar weniger von Hedonismen geprägt, aber dennoch beurteilend und nicht dokumentativ.

... eine dokumentative Weinbeschreibung
„Der fruchtige Duft dieses Weines ist geprägt von exotischen Anteilen, die an Maracuja und Melone erinnern; noch etwas ausgeprägter sind der grüne Apfelduft und ein durch die Edelfäule bedingter Honiganteil.
Trotz acht Promille Säure schmeckt er nicht sauer. Die Säure wirkt neben der Irritation auf der Mundschleimhaut im Vergleich zu anderen Rieslingweinen seiner Art nicht stark. Signifikant ist die Wirkung am Zahnschmelz des Säure-Mineralitäts-Komplexes (Mineralität)".

Drei unterschiedliche Texte mit unterschiedlicher Ausrichtung. Unterschiedliche Menschen werden sich hier unterschiedlich angesprochen fühlen. Von “unverständlich“, „unmöglich“ bis „fachlich aussagekräftig“ werden die Urteile sein. Gibt es aber überhaupt eine „richtige“ oder „optimale“ Beschreibung?

2.3.1 Das Problem verbaler Weinbeschreibungen

- Eine Definition oder Kalibrierung der Worte findet nicht statt.
- Es wird nicht unterschieden zwischen Empfindung und Wahrnehmung.
- Die gebrauchten Worte sind oft hedonistischer Natur.

„Kalibrierung“
Die Orientierung an einer Norm oder einem Standard heißt Kalibration. Der Weißabgleich bei der Fotografie ist eine sehr bekannt Kalibration, damit die Farben in einem Film richtig dargestellt werden.

3 Alternative Methoden?

Nachdem wir nun gesehen haben, warum es so schwierig ist, über Wahrnehmung und Geschmack zu sprechen, versuche ich im Folgenden einen anderen Weg der Wahrnehmungsdokumentation.

Gesucht ist eine Möglichkeit, alle Wirkungen von Wein in Mund und Nase so darzustellen, dass:

- es für jeden Betrachter einfach ist, dies nachzuempfinden (Perzeption),
- die Darstellung einen hohen Wahrheitsgehalt im Sinne der Analyse hat,
- es Spaß und Freude bereitet,
- es reproduzierbar ist,
- jeder sich in der Darstellung wieder findet,
- eine Kaufentscheidung dadurch einfacher wird.

Voraussetzungen

- Ein holistisches System muss auch holistisch dargestellt werden.
- Es müssen eindeutige, für jeden einsichtige Parameter benutzt werden.
- Die objektiven Werte auf der Empfindungsebene müssen kommuniziert werden.
- Riechen, Schmecken und Fühlen müssen gleichzeitig dargestellt werden.
- Das System muss einfach, schnell, seriös und möglichst objektiv sein.

Vorgehensweise:

Auf die Frage, mit welcher Farbe Menschen „süßes Schmecken“ verbinden, wird mit überwältigender Mehrheit „rot“ geantwortet. Sauer wird mit grün bis gelb verbunden. Warum dies so ist, dafür gibt es mindestens zwei Erklärungen:

- Mit rot werden süße Früchte assoziiert, daher Süß = Rot.
- Mit grün werden unreife Früchte verbunden, daher Sauer = Grün.

Dies ist aber nur die halbe Wahrheit, denn es gibt auch grüne Früchte, die süß schmecken und rote Früchte, die nicht süß schmecken. Also muss es noch andere Gründe der hohen Assoziationsfähigkeit geben. Das ließ mich auf die Idee kommen, Weinbeurteilung und -wahrnehmung mit Farben zu beschreiben und so darzustellen, denn ich bin Synästhet.

Was ist ein Synästhet?
Synästheten erleben durch einen Reiz, z. B. „süßes Schmecken“, nicht nur das Schmecken sondern z. B. auch Bilder oder hören dabei Töne. Normalerweise verlieren sich diese Dopplungen mit dem Älter werden. Viele „normale“ Menschen können jedoch oft erstaunlich gut diese „Mehrfachreizungen“ nachempfinden.

Daher verbinde ich mit jedem Geschmack, Geruch und haptischen Empfindungen Farben und Formen. Meine Art der synästhetischen Wahrnehmung scheint sehr kompatibel mit der Wahrnehmung vieler Menschen zu sein.

Meine Hypothese besteht darin, dass alle Menschen in ihrer Jugend Synästheten waren und diese Fähigkeit mit zunehmendem Erwachsenwerden durch die zwangsläufige Versachlichung durch Beruf und tägliches Leben verloren ging.

Man kann diese Fähigkeiten aus den Tiefen des Unterbewusstseins wieder wachrufen!

Meine Beobachtungen, die ich nun seit mehr als 15 Jahre betreibe, zeigen aber auch, dass etwa 80 % der Bevölkerung Geschmack mit Farben verbinden können, die restlichen 20 % dies jedoch besser mit Tönen können, also in ihrer Jugend eher auf Musik, Stimme, Klänge oder Töne reagierten als auf Farben wie die meisten anderen.

Das Beste, die von mir vorgestellte Methode funktioniert! Sie lässt sich sogar in rechnerische Größen umwandeln und wurde sogar patentierbar durch die mengenmäßige Darstellung verschiedener Inhaltsstoffe (nicht nur bei Wein).

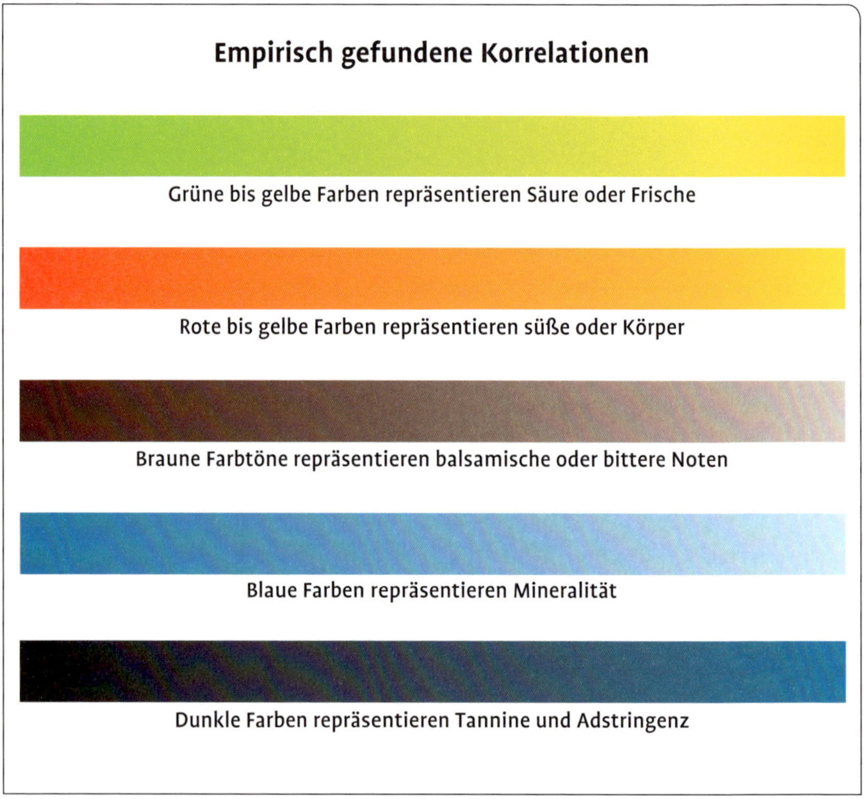

Empirisch gefundene Korrelationen

Grüne bis gelbe Farben repräsentieren Säure oder Frische

Rote bis gelbe Farben repräsentieren süße oder Körper

Braune Farbtöne repräsentieren balsamische oder bittere Noten

Blaue Farben repräsentieren Mineralität

Dunkle Farben repräsentieren Tannine und Adstringenz

Abb. 4. Empirisch gefundene Korrelationen zwischen Geschmack und Farbe.

3.1 Der haptische Verlauf

Zusätzlich zu den Farben wird von unterschiedlichen Menschen auch die „dynamische Verlaufempfindung“ (so wie sich der Wein im Mund anfühlt) sehr ähnlich dargestellt.

Diese Kurven haben bei unterschiedlichen Menschen jedoch den gleichen Ursprung, nämlich die inhaltsstofflichen Wirkungen im selben Wein. Der Verlauf der Kurven bildet die quantitativen Inhaltsstoffe der Weine ab. Im folgenden Schaubild sind die Hauptinhaltsstoffe in ihrem Kurvenaufbau gezeigt.

Verbindet man nun Kurven und Farbassoziationen, erhält man eine Grafik wie in Abbildung 5 dargestellt.

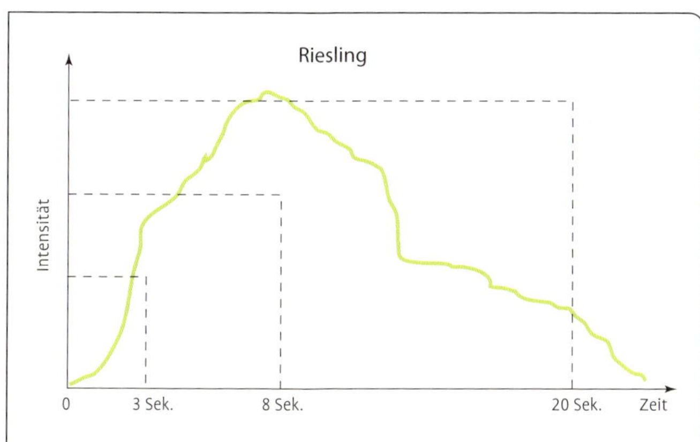

Abb. 5. Inhaltsstoffe im Wein – Kurven verschiedener Weine.

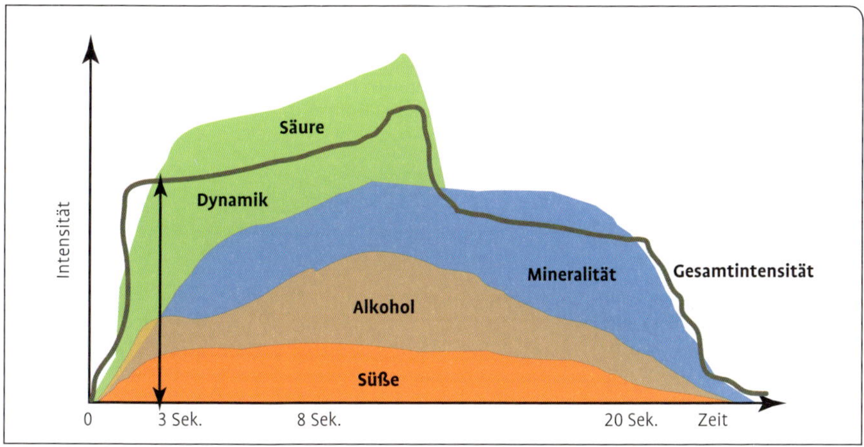

Abb. 6. Hauptinhaltstoffe im Wein.

4 Das Sensorische Weinbild (Zusammenfassung)

> „Gefällt jemandem das Bild, schmeckt auch der Wein dazu".

Das Sensorische Weinbild ist eine neue und erfolgreiche Methode, Weine so universell zu beschreiben, dass zwischen Wein und Beschreibung eine hohe Wiedererkennungsrate besteht. Um ein sensorisches Weinbild zu produzieren, wird eine universelle Verknüpfung verschiedener Sinnesleistungen mit bestimmten Formen und Farben benutzt. Das sensorische Weinbild repräsentiert die dynamische Interaktion einzelner sensorisch wirksamer Weininhaltsstoffe und basiert auf den ausgelösten Primäreffekten (Perzeption s.o) an den unterschiedlichen Sinnesrezeptoren. Das sensorische Weinbild ist keine subjektive Interpretation eines Weines, sondern nutzt die objektivierbaren Empfindungen der Sinnesmodalitäten (Süße, Säure etc.), um eine hohe Wiedererkennungsrate zu erreichen.

Das sensorische Weinbild ist eine ganzheitliche, dokumentative Darstellung der sensorisch relevanten Stoffe im Wein in Form und Farbe. Mit dieser Methode können selbst ungeübte Personen im sensorischen Weinbild ihre Vorliebe für einen Wein erkennen und gleichzeitig Art und Charakter des Weines erfassen.

Um ein sensorisches Weinbild herzustellen, muss das zu beschreibende Produkt sensorisch verstanden werden. Wie wirken Säure oder Alkohol im Mund? Welche Aromen sind vorhanden? Welche haptischen und taktilen Effekte entstehen in Mund und Nase? Grundvoraussetzung für eine treffende Beschreibung ist die bewusste Empfindung der Reizaufnahme und Reizverarbeitung.

4.1 Wie funktionierts?

Ein wichtiger Parameter dabei ist die **dynamische Wirkung der Inhaltsstoffe**, also ihre Variation und Interaktion in der Zeit. Jeder Empfindung, die ein bestimmter (Wein)Inhaltsstoff auslöst, kann eine entsprechende Farb- und Formkombination zugeordnet werden. Auf die Frage „welche Farbe hat Süße?" antworten die meisten Menschen mit „gelb bis rot", säuerlicher Geschmack wird mit „gelb bis grün" beschrieben. Bitter schmeckende Stoffe sind eher braun. Ebenso wird süßer Geschmack als rund oder weich, säuerlicher Geschmack als spitz oder kantig bezeichnet. Diese Assoziationen werden von allen Menschen sehr ähnlich erlebt. Sie entstehen vermutlich durch eine parallele Mehrfachreizung unterschiedlicher sensorischer Hirngebiete und lassen stereotype Farb-Form-Geschmack-Geruch-Assoziationen entstehen. Diese Ähnlichkeit in der Wahrnehmung dient als Grundlage für die Farb- und Formgestaltung der sensorischen Weinbilder. Ordnet man allen gustatorischen, olfaktorischen und haptischen Empfindungen systematisch bestimmte Farben und Formen zu und berücksichtigt deren Dynamik, erhält man den Schlüssel, um ein sensorisches Weinbild zu gestalten.

Mit Worten lässt sich die dynamische Interaktion sensorisch aktiver Inhaltsstoffe in Mund und Nase nur schwer beschreiben. Mit Farb- und Formverläufen lässt sie sich einfacher darstellen. Mit dieser Methode entstehen sensorische Weinbilder, die einen hohen Wiedererkennungswert haben. Die Methode in Ihrer jetzigen Form erlaubt selbst bei sensorisch ungeschulten „Weintrinkern" eine Wiedererkennungsquote von gut 80 %, d. h. bei der Präsentation von fünf sensorischen Weinbildern hat der Betrachter kaum Schwierigkeiten, die fünf dazugehörigen Weine richtig zuzuordnen. Daraus folgt, dass sich auch die Vorliebe für einen bestimmten Wein in den sensorischen Weinbildern erkennen lässt.

Es ist so einfach: **Gefällt jemandem das Bild, schmeckt auch der Wein dazu**. Wird nun in der Gestaltung eines Produktes die sensorische Wirkung schon von außen sichtbar gemacht, zum Beispiel indem auf dem Weinetikett ein sensorisches Weinbild abgebildet ist, entsteht ein intuitiver und emotionaler Zugang zum Inhalt. Mit anderen Worten: Die Frage „schmeckt mir dieser Wein?" ließe sich mit einem sensorischen Weinbild auf der Weinflasche einfach über das Auge beantworten. Genauso gut kann das Marketing eines Produktes deutlich unterstützt werden, wenn seine sensorischen Farben und Formen bekannt sind. Eine große Lücke zwischen Entwicklung und Marketing würde dadurch geschlossen werden. Die Entwicklung von vielen riech- oder schmeckbaren Produkten könnte vereinfacht und verkürzt werden. Die visuelle Darstellung nicht nur von Weinen, sondern auch von Parfümen, Waschmitteln, Lebensmitteln oder anderen Produkten unterstützt intuitiv die verbale Beschreibung.

4.2 Wie entstehen Weinbilder?

Wer verlässliche sensorische (Wein)bilder malen will, muss in der Lage sein den Wein/das Produkt sensorisch zu verstehen und seine Empfindungen so objektiv wie möglich auf die Geschehnisse in Mund und Nase zu reduzieren. Nur dann hat der Betrachter die Möglichkeit, die sensorische Empfindung des Malers in seiner „objektivierten Fülle" am sensorischen (Wein)bild nach zu erleben. Hier sind also Ausgebildete Weinexperten gefragt. Aber das alleine genügt nicht, es werden auch kreativ/intuitive Qualitäten gefordert und viel Übung. Daher gibt es Weinbilder schon fix und fertig zu kaufen (siehe Serviceteil – Bezugsquellen).

4.3 Duftbilder?

Es gibt nicht nur Weinbilder, die Methode kann man auch mit Düften realisieren, z. B. wenn man auf der Suche nach dem passenden Parfüm ist oder bei der geruchlichen (olfaktorischen) Beurteilung von Weinen. Denn Düfte sind für den Menschen nicht digital oder in Form einer Norm oder eines Rezeptes wahrnehmbar.

Die Wahrnehmung von Düften geschieht beim Menschen:

- über den hedonistischen Wert (lustbereitend spontan),
- über den assoziativen Wert (erinnert an Objekt),
- über den emotionalen Wert (erinnert an Erlebnis).

Düfte lassen sich für die menschliche Wahrnehmung nicht in Maßeinheiten darstellen. Sie sind nicht wie Buchstaben, Töne oder Farben erfahrbar, erlebbar oder zu handhaben. Außerdem lassen sich Düfte nur schwer verbal beschreiben. Ziel einer jeden Duft-Beschreibung ist die Produktinformation über die Zusammensetzung und deren Gesamterscheinung. Der Reproduktionswert einer verbal beschriebenen Aromazusammensetzung liegt im Bereich von ca. 25 %. Je höher die Reproduktionsrate beziehungsweise Erkennungsfähigkeit oder der Wiedererkennungseffekt ist, desto besser ist die Methode, die zu diesem Ergebnis führt.

Die Schwierigkeit der verbalen Beschreibung liegt an folgenden Gründen:

- Worte sind nicht definiert oder kalibriert.
- Worte werden unterschiedlich verstanden und angewendet.
- Es besteht keine direkte Verbindung zwischen Riechhirn und Sprachhirn.
- Sprache ist sozialisationsabhängig.

Die Mehrzahl aller chemischen Sinneseindrücke können nur emotional, assoziativ und hedonistisch subjektiv beschrieben werden. Eine Ausnahme bildet die QDA (Quantitative deskriptive Analyse). Sie stellt einen Versuch dar, aus Duftgemischen Einzeldüfte in quantitativer Form zu fraktionieren und die Verhältnismäßigkeiten darzustellen. Sie gibt außerdem Auskunft darüber, wie intensiv der Gesamteindruck eines Duftes wahrgenommen wird. Sie ist ein Instrument der Sensoanalytik und nur in Labors durchführbar.

Alle gängigen Methoden, olfaktorische, gustatorische und haptische Sinneseindrücke zu kommunizieren, werden dennoch nach wie vor auf der Wahrnehmungsebene angewendet. Die Ergebnisse sind dadurch stark subjektiv geprägt. Das geht mit dem Duftbild besser!

4.3.1 Wie funktioniert ein Duftbild

Neurobiologischer Hintergrund. Der ausgelöste Reiz in Form elektrischer Spannung an einem Rezeptor, verursacht durch einen sensoaktiven Stoff, wird in verschiedene Gehirnareale gleichzeitig weitergeleitet. Diese physiologischen Gegebenheiten sind bei allen Menschen identisch. Zu diesem Zeitpunkt wären bei allen Menschen die Reizstärke und die Art des Reizes gleich, vorausgesetzt sie riechen an der derselben Duftquelle. Dies bedeutet, dass zu diesem Zeitpunkt, also vor der Wahrnehmung, im Unterbewusstsein eine rein theoretische Reproduktion eines olfaktorischen Reizes zu 100 % möglich wäre. Diese Ebene der Reizverarbeitung nennt man Empfindung, Perzeption oder Primäreffekt.

Vorgehensweise. Ziel ist es, den Primäreffekt, also die Reize, die alle Menschen gleich erleben, zu quantifizieren und darzustellen. **Die Empfindung der Intensität eines Duftes wird immer holistisch stattfinden**, d. h. ein Parfum wird immer in seiner Gesamtheit gerochen, genauso wie sich ein Wein in seiner Gesamtheit präsentiert. Zur optimalen Darstellung einer holistischen Wahrnehmung muss also zwingend auch eine holistisch wirkende Darstellungsmethode Verwendung finden, um maximale Wiedererkennungswerte zwischen den unterschiedlichen sinnlichen Wahrnehmungen zu erlangen.

Obwohl sich die menschliche Reizaufnahme bis zur Empfindung logarithmisch verhält (der Rezeptor braucht immer mehr „Input“ um die gleiche Empfindung zu bekommen), wird sich die entsprechende Wahrnehmung linear bis exponentiell darstellen. Da der Logarithmus nur für positive Zahlen definiert ist, wird hiermit die Schwelle festgelegt. Eine Wahrnehmung kann sich natürlich nur im positiven Zahlenbereich befinden, da der Auslöser, ein sensoaktiver Stoff, ja vorhanden ist (und damit quasi positiv ist). Allerdings können geruchliche Wahrnehmungen auch psychosomatisch erfolgen, aus Erinnerungen und emotionalen Assoziationen (klassische Konditionierung) heraus, was einem theoretischen „negativen Logarithmus" im Sinne der Reizquelle (nämlich der sensoaktiven Stoffe) entsprechen würde.

Wo auch immer der Ursprung einer Empfindung und somit einer Wahrnehmung zu finden ist, unterliegt sie immer einer zeitlichen Dimension. Die Koordinaten des Duftbildes sind daher zwingend: "Intensität mal Zeit".

4.3.2 Wie sieht ein Duftbild aus?

Über die flächenmäßige Farbgestaltung wird linear gearbeitet; das holistische, gesamtheitliche Duftempfinden wird über die „Ausbreitung" der Farbgebung definiert. Die Dichte der Farben zeigt den dynamisch-linearen sowie den exponentiellen-logarithmischen Verlauf einer Duftentwicklung z. B. bei einem Oxidationseffekt oder anderen, den Duft verändernden Bedingungen. Besonders zu nennen wäre hier die Applikation eines Duftes auf die Haut, die Größe der Oberfläche eines Glases etc.

Das fertige Bild wird, wie der Duft auch, immer holistisch wahrgenommen und nicht in seinen Einzelkomponenten. Diese Vorgehensweise beim Bildaufbau ist auch die der verbalen, also der linear-deskriptiven Analyse.

„Wie aber soll ein Mensch, der holistisch empfindet und wahrnimmt, olfaktorische, lineare, deskriptive Abfolgen in ein dynamisches Ganzes interpretieren können?"

Alle relevanten Duftkomponenten werden in ihrer linearen und exponentiellen/logarithmischen Erscheinung (mit Farben) dargestellt. Das daraus entstandene Duftbild wird jedoch wiederum holistisch wahrgenommen und eventuell interpretiert. Die fraktionierte und analytische Betrachtungsweise in Farbsequenzen und deren Anordnungen lassen logischerweise einen Schluss auf die Duftzusammensetzung zu.

Betrachter eines Duftbildes können so die einzelnen riechbaren Stoffgruppen oder den olfaktorisch-holistischen Wert der Erscheinungen sowie subjektiv-hedonisch beurteilen.

Farbgestaltung. Die Farbzusammensetzung eines Duftes liegt in zwei verschiedenen Werten begründet:

1. dem synästhetischen,
2. dem reell-assoziativen, gegenständlichen Farbwert.

Zu jedem Duft assoziieren unterschiedliche Menschen die gleichen oder ähnliche Farben.

Es gibt jedoch sicher Abweichungen. Diese Zuordnung gilt vorrangig für den europäisch geprägten Kulturraum. Über Geschmacksassoziationen indigener bzw.

Beispiel:

Der als „süßlich" assoziierte Duft einer Banane wird oft als rosa empfunden (synästhetisch), der reell-assoziative liegt eher im gelben Bereich (Banane = gelb).

Den süßen Geschmack von Zucker benennen 99,9 % aller Befragten als rot, rosa oder gelb, obwohl der reell assoziative Wert weiß ist (Zucker = weiß).

von Naturvölkern, wie z.B. der Inuit in Nordamerika oder bei Indios in Südamerika, kann leider keine Aussage getroffen werden, wäre aber sicher ein forschungsrelevantes Thema.

Von einem mir unbekannten Parfum kenne ich die reell assoziative Zusammensetzung natürlich nicht. Hier male ich den rein synästhetischen Empfindungswert. Erkenne ich einzelne Komponenten der Zusammensetzung, wird auch der reell assoziative Wert mit zum Tragen kommen:

- Frische, fruchtige Aromaten werden z. B. in grünen bis gelben Varianten gesehen.
- Blumige Aromaten gibt es in allen Farben, werden aber vom Phänotypus eher pastellfarben dargestellt.
- Vegetabile Aromaten – grün bis braun.
- Würzige Aromaten: von grau bis braun, (aber allgemein eher dunkel).
- Holzig-phenolische Aromaten: dunkel anthrazit.
- Balsamische Aromaten: hautfarben, hell bis bräunlich.
- Mineralische Düfte: weiß bis blau.
- Animalische Düfte: klar bis stechend neon bis „schmutzig".

Die assoziativ taktilen Elemente eines Duftes, wie Klarheit oder Pudrigkeit werden über die **Farbtemperatur** sowie durch den Einsatz von **pastellenen Farben** und Pigmenten übersetzt. Sämtliche dynamischen Verläufe werden über die Mischbarkeiten verschiedener **Farbtypen** wie Tempera, Gouache, Wasserfarben, Aquarell ... gezeigt. Je genauer die einzelnen Duftsequenzen in Intensität, Positionierung, Korrelation sowie Quantität dokumentiert werden, desto höher ist der Wiedererkennungswert, sei es hedonistisch, subjektiv oder reell-assoziativ. Emotionale Elemente werden beim Malen vollkommen außer Acht gelassen. Die Darstellung im Bild ist also eine reine Dokumentation der Produktinhaltstoffe.

4.4 Der Aufbau des Sensorischen Weinbildes

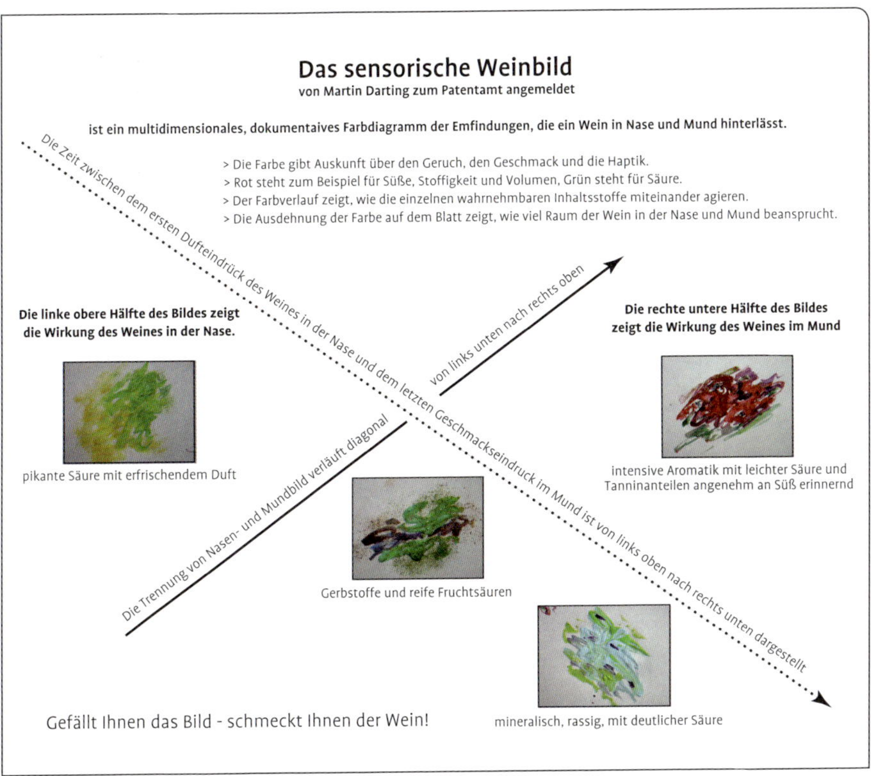

Abb. 7. Das Sensorische Weinbild als System.

5 Weinbilder

5.1 Erste Versuche

In der Anfangsphase versuchte ich, die Gesamtheit der dynamischen Wahrnehmung darzustellen ohne Geruch und Geschmack zu trennen. Ich zeige diese Bilder, weil man sehr schön sieht, wie das heutige Weinbild, so wie es ist, entstanden ist und warum auch ich erst für mich entwickeln musste, wie man am besten vorgeht.

Abb. 8. Hier ein Versuch mit gleichen Mengenverhältnissen von links nach rechts. Im Duft erkennt man eine in drei Schwerpunkten rot dominierte Darstellungen, gefolgt von pastellrot-grünen Übergängen zu blau in grün zerfließende, mineralisch wirkende Varianten, die in eine Süße-Säure-Kombination am rechten Rand des Bildes münden.
Ein volumenreicher würzbetonter Wein mit leicht mineralischen Anteilen, aber deutlicher Restsüße und verhaltener Säure.

Eine Sammlung der eindrücklichsten Weinbilder. Alle diese Bilder können sie unter www.martin-darting.de bestellen und einsetzen.

Abb. 9. Lalande Pomerol 1996:
Hier würde man auf den ersten Blick nicht auf die Darstellung eines Rotweins tippen. Die Farbelemente verlaufen von links oben nach rechts unten, wobei sich der Verlauf mit dem Geschmackbild verbreitert.
Oben: verhaltenes Rosa im blauen Untergrund. Eine rotgepunktete Linie verweist auf süßliche Varianten, die in ein intensives, gelbes Bett, gefolgt von deutlicher Säure münden.
Ein jungendlicher Rotwein, mit reifen Duftkomponenten, mineralischen und grünen Komponenten.

Abb. 10. Barbera Bild aus dem Jahre 1999
Wer Barbera kennt und ihn jung trinkt, weiß, wie viele Ecken und Kanten dieser Wein mitbringen kann. Hier eine vertikale Darstellung der aromatischen, haptischen (Mundgefühl) und der schmeckbaren Elemente. Fruchtbetonte mineralische Farben kennzeichnen das erste Drittel von links. Stark mineralisch wirkende Anteile gehen über in Säure und erdige Aromen.

Abb. 11. In einem Seminar in der Provence entstand 1996 diese Art der Darstellung:
Horizontal gezeigt werden quantifizierte riech- und schmeckbare Inhaltsstoffe in einem Farbverlauf, wobei am oberen Rand überwiegend die Aromatik gezeigt wird und ab der Mitte des Bildes die Mundaspekte dargestellt werden. Sehr gut lassen sich „Dichte" „Schwere" und „Reife" erkennen und im direkten Vergleich gegenüberstellen. Ein Beweis dafür, dass sich unterschiedlichste Weine miteinander vergleichen lassen.

Abb. 12. Ein „zentral“ gearbeitetes Bild eines Weißburgunders
Von der Mitte aus gesellen sich rund ums Zentrum reife Fruchtnoten, mit mineralisch säuerlichen Kombinationen, die in eine leichte Säurewirkung münden. Die Holistik wird hier sehr gut getroffen, jedoch lassen sich so die dynamischen Einheiten eines Weines nicht korrekt in den zeitlichen Verlauf interpretieren. Der Wiedererkennungswert leidet unter dieser Darstellungsform jedoch nicht.

Abb. 13. Ebenfalls ein „zentral" gearbeitetes Bild. Es zeigt eine klassische Erscheinung für einen Wein aus mineralischen, leichten Böden. Hier ein Sémillon blanc aus dem Grave (Silikate) Gebiet bei Bordeaux. Auffällig ist die nicht schmeckbare Säure, da kaum Grünanteile zu sehen sind. Sicher hat dieser Wein auch Säure, sie ist jedoch über den hohen Mineralgehalt gepuffert und zeigt sich über ein dichtes Mundgefühl.

5.2 Terroirbilder vom Weingut Odinstal, Wachenheim

Abb. 14. 1 Silvaner 07 Muschelkalk
Dominant zeigt sich ein pastelles, weich gehaltenes Grün mit erdigen Noten und deutlicher Pigmentierung in der Nase, welche ein deutliches Nasengefühl hervorruft. Hier verrät die weiche, aber erfrischende Säure, in grün gehalten, ein spritziges aber noch weiches, durch den Muschelkalk gepuffertes Geschmackserlebnis.

Das Weingut Odinstal liegt in Wachenheim an der Weinstraße und beheimatet die höchst gelegenen Weinberge der Pfalz. Der engagierte Oenologe Andreas Schuhmann arbeitet nach biodynamischen Richtlinien, nutzt verschiedene klassische Pfälzer Rebsorten und die unterschiedlichen Böden des Odinstals, um differenzierte Weine hervorzubringen. Bei dieser Bilder- und Weinauswahl zeigt sich wieder, wie sehr Rebsorte und Boden voneinander abhängig sind.

Abb. 15. 2 Silvaner 07 350N.N.
Knackiger Silvaner, der schon im Duftbild spitze Strukturen zeigt, die leicht blau (mineralisch) und gelb (reiffruchtig) unterlegt sind. Die weißen Farbnuancen auf leuchtendem Grün zeugen von Cremigkeit, die die Säure schmelzen lässt. Dynamisch und druckvoll.

Abb. 16. 3 Riesling Buntsandstein 06
Deutlich fällt auf, dass hier sehr viele gelbe Anteile das Bild dominieren. Bereits im Duft sind für das Odinstal charakteristische mineralische, cremige Einheiten zu sehen, die mit leichter Pigmentierung unterlegt sind. Der Mund beginnt pastell-, mineralisch und durchzieht ihn reif und mit erdig- reifer Aromatik.

Abb. 17. Riesling 07 350NN
Wuchtig, mit intensiver Leuchtkraft präsentiert der Riesling reife Frucht, mit knackiger Säure und strammen, mineralisch dunkelblaue Naseneinheiten, die sich ins Blau hinziehen. Rot volumiges Pigment rundet den Duft ab. Im Mund expressiv mit viel Druck auf der Zunge. Das Zusammenspiel der Farben dokumentiert die Intensität und den langen mineralischen Abgang des Terroirs.

Abb. 18. Riesling Basalt 07
Volles Volumen, mit cremiger Dichte, drei-dimensional und mit balsamischer Aromawucht kündigt sich der Wein bereits in der Nase an. Im Mund setzt sich die dynamische, jugendliche Dichte, gezeigt in diversen günen und schwungvollen, blau-mineralischen, basaltigen Kompositionen, fort. Abwechslungsreich und fordernd mit dichtem Gefühl auf der Zunge, fast adstringent und phenolisch im Abgang.

Abb. 19. Auxerrois 2007
Weicher cremiger Burgunder mit braun-, pastell- und ockerfarbenen Duftvariationen, dennoch klar und mit erkennbaren phenolischer Pigmentierung. Im Mund, wie es sich für ein weißen Burgunder-Typ gehört: erdig, leicht vegetabil und mit volumenreichem Abgang.

Abb. 20. Weissburgunder 350 NN 07
Erstaunlich frischer Weißburgunder, zeigt durch helles und dunkles Grün die wirksamen Säuren, mit mineralischer Dichte und balsamischen, runden, cremig-rosaroten Noten. Im Mund stehen die cremig eingebundenen Varianten wohl proportiert zur Frische und Dynamik dieses Weines.

5.3 Sortimentsbilder vom Weingut Meßmer, Burrweiler

> Das Weingut Meßmer in Burrweiler verschreibt sich dem klaren, strahlenden Weintypus. Reduktion im Keller, Mengenreduzierung und Selektion der Trauben sowie große Aromenausbeute stehen im Vordergrund bei der Weinbereitung.

Abb. 21. Muskateller
Der ganzheitliche Blick verleiht ein warmes und intensives Erleben. Duft- und Mundbild stellen sich, bezogen auf das Aroma, identisch dar. (Der Wein schmeckt so, wie er riecht) Im Mund geschieht über die gesamte Länge des Verweilens wesentlich mehr als in der Nase.
Neben der deutlichen Süße verstärken sich alle schmeck- und fühlbaren Attribute im Mund.

Abb. 22. Spätburgunder
Ein fruchtbetontes, reifes Duftbild mit deutlich mineralischer Varianz und phenolischen Einheiten (Pigmente).
Im Mund reif, füllig, stoffig, mit großer Dichte. Im letzten Drittel erkennt man an der Grünpigmentierung die charakteristische, jedoch auch sehr gut gepufferte Säure. Im Mund besitzt der Spätburgunder noch großes Entwicklungspotential.

Abb. 23. Riesling:
Dieser Riesling ist neben seiner reifen Fruchtigkeit (gelb) deutlich von mineralischen und Säureanteilen (blau-grün) geprägt, die zuweilen hart und kalt wirken. Im Mund zeigt sich eine Dreidimensionalität, aus verschiedenen Säuren, leichter Restsüße und im Abgang eine mineralische Wirkung. Für dieses Bild wurde quantitativ viel Farbe verwendet, welche die Intensität und Dichte des Weines unterstreicht. Ein „knackiger" Riesling.

5.4 Fünf Jahrgänge eines Silvaners der Vier Jahreszeiten, Bad Dürkheim

Die Vier Jahreszeiten-Winzer e. G. in Bad Dürkheim, ist der erste deutsche Betrieb, der das sensorische Weinbild als Etikett auf der Flasche umgesetzt hat. Gedacht war die Verwendung eines Bildes nur für eine Saison, jetzt gibt es schon Flaschenetiketten aus neun Jahrgängen „Grüner Silvaner". Mit Hilfe der Bilder, lassen sich sehr einfach die Unterschiedlichkeiten der Jahrgänge erkennen.
Es soll Liebhaber geben, die die Flaschen bereits sammeln!

Abb. 24. Das erste Weinbild vom Jahrgang 2002 eines Silvaners der Vier Jahreszeiten zeigt ein „buntes Treiben" verschiedenster Inhaltstoffe. Mit runden und breiten Pinselstrichen ebenso, wie mit kompakten, jedoch differenzierten Farben und Maltechniken. Der ausgeprägte Duft, der aus Aromen einer gezügelten Gärung stammt, wird im Mund aufgefangen durch Kompaktheit und Cremigkeit (weiß). Weit werdend der Nachhall in Säure, frischen Aromen, leichter Restsüße (rot) und feinen mineralischen Strukturen (blau). Dieses Bild wurde, wie der Wein, von vielen Menschen als „sehr schön" interpretiert.

Abb. 25. Der berühmte Jahrgang 2003 lässt sich hier schon an der ausladenden Breite des Bildes erkennen. Kaum frische Anteile in Grün verraten den heißen Sommer. Reif und weich, zart und cremig... wie der 2003er nun mal war.

Abb. 26. Ganz anders der 2004er. Im Duft knackig und mineralisch. Insgesamt ein „rundes Bild“, wenn auch der Inhalt dynamisch und bisweilen wild erscheint. Ein sehr charaktervoller Jahrgang, mit reichlich Lagerpotential. Die leuchtenden Farben dokumentieren die Klarheit des Weines. Auch wenn der Wein längst getrunken ist, erfreut das Bild den Liebhaber „erfrischender Silvaner“.

Abb. 27. 2006 wirkt schon von Anfang an sehr reif und rund. Warmes Gelb mit Ocker lassen die Brotytis vermuten, mit der hier gekämpft wurde. Insgesamt ein im Duft reifer Jahrgang, jedoch im Mund noch jugendlich mit deutlich grünen Säurenoten.

5.5 Sensory Collection von Stella Organics Südafrika

Abb. 28. pinotage
Duft- und Mundbild unterscheiden sich deutlich voneinander, was den Wein auch interessant gestaltet. Dicht und mit tiefdunkeln Aromaanteilen in der Nase, setzt sich der Wein reif und leicht mit voluminösen süßlichem rot im Mund fort. Der Pinotage ist noch der dynamischste und leichteste der vier vorgestellten Weine.

Mit Stellar Organics Winery im Norden Südafrikas verbindet mich schon seit Jahren eine Freundschaft. Auf der BioFach Messe kennengelernt, male ich Ihre Weine der Premium Linie, die sie „Sensory Edition" nennen. Alle Weine dieser Qualitätsstufe sind wuchtig, schwer, im Barrique ausgebaut, daher phenolisch. Der analytische Alkoholwert dieser Editionslinie liegt weit über 13vol%, entsprechend dominant fallen die Weine aus.

Abb. 29. Shiraz
Seine spektakuläre Würzigkeit ist im Duftbild nicht zu übersehen. Wuchtige Braunnoten, unterlegt mit Orange, Violett und Blau, läßt die Dichte dieses Dufteindrucks erahnen. Im Mund etwas zurückhaltender, jedoch mit einem breitgefächertem, mineralischem Abgang.

Abb. 30. Cabernet Sauvignon von Stellar
Hier ist das Duftbild deutlich zurückhaltender als der Geschmack. Grünlich erinnert er etwas an vegetabile Noten, was aber auch einen Frischeaspekt inne hat. Wuchtig und explosiv im Mund, mit allen Geschmackselementen, die ein internationaler Cabernet Sauvignon bieten kann.

Abb. 31. Merlot
In der Nase sieht man deutlich die Holzprägung: Violett und dunkel mit anthraziten Anteilen, bisweilen fruchtig (rot) gestaltet ist das Duftbild, hinzukommend cremig, mit weißen Anteilen.
Im Mund zuerst getragen durch helleres Ocker dann explosiv mit deutlich dunklem Extrakt und Barriquenoten.

Abb. 32. Stehen die Flaschen nebeneinander, lässt sich auf einen Blick erkennen, welcher Wein einem am besten munden wird. Eine ganz direkte und logische Anwendung des Weinbildes, die perfekt funktioniert.

5.6 Spanische Markenweine „La Mancha“ der Weiling GmbH, Coesfeld

Abb. 33. La Mancha „das erste“
Mit diesem Bild begann die Serie bei der Firma Weiling. Erkennbar eine Dreiteilung. Im Duft sehr abwechslungsreich mit fast bunten Regenbogenfarben. An der Basis violett mit cremigen Anteilen. Im Mund, in der Mitte des Bildes, werden Tannine in dunkel gehalten dargestellt. Im Abgang mineralische Varianten, jedoch sehr zart und zurückhaltend im Verhältnis zu den anderen Bildteilen.

Abb. 34. 1/05
Fruchtiger, intensiver Tempranillo mit einem kompakten Duftbild. Der Übergang zum Geschmack ist in Braun gehalten. Punktierter Geschmack, durch reifes Tannin und erkennbarer (grün) Säure machen ihn zu einem leichten Rotweintyp.

Abb. 35. 2/05
Ein dichtes Duftbild überzeugt mit dichtem Braun-Rot-Komplex und leichten Grünnuancen. Sehr ausladend der Mund, vollkommen different: Blau-mineralisch, fast hart mit deutlicher Säure. Am Beginn des Schmeckens jedoch ist eine geringe Restsüße erkennbar.

Abb. 36. 1/04
Oben zu sehen ist ein als reif zu interpretierendes, in pastellenen Farben gehaltenes Duftbild, welches im Verhältnis zum Mund sehr zurückhaltend wirkt. Im Mund ist der Wein ausladend mit deutlichem Gerbstoff, leichter Süße im Zentrum und expressiv im Abgang.

Abb. 37. 12/03
Ein quantitatives, ausgeglichenes Duft- und Geschmacksbild. Im Duft dominieren auch „süßliche“ Varianten, eingebettet in erdige Noten. Im Mund sind erkennbar: Gerbstoffe, balsamische Noten und im Nachhall eine leichte Säure.

Abb. 38. 5 /03
Ein Bild mit einer gut erkennbaren Dreiteilung Im Duft ausgeprägt dunkel gehalten mit farbenreiche Abwechslung; Explosiv im Mund mit erkennbarer Süße und blauen Mineralitäten. Der Abgang grün, mit Gerbstoff und balsamisch, erdigen Noten im Nachhall.

5.7 Deutsche Spätburgunder

Die Spätburgunderrebe bringt ähnlich viele Varianten wie die Rieslingrebe hervor. Hier einige Beispiele aus der Deutschen Spätburgunder Landschaft. Wie kann angesichts dieser Vielfalt noch behauptet werden, dass es einen „typischen deutschen Spätburgunder" gibt?

Abb. 39. Der Waldulmer Pinot aus dem Jahrgang 2004 zeigt sich protzig, dominant und zugleich vielschichtig und etwas verspielt. Charaktervoll ist sicher der türkis-mineralische, blaue Extrakt-Säurekomplex im Nachhall dieses Weines. So macht Pinot trinken Spaß.

Abb. 40. Der 2003er Pinot aus dem Barrique von Nagelsförst (Baden Baden), zeigt den warmen 2003er Jahrgang mit weichen runden Formen. Dominat in der Nase mit enormer Frucht und süßen Assoziationsanteilen (rot), bereitet er im Mund keinerlei Schwierigkeiten zu einem zweiten Schluck. Ein reifer Wein mit deutlicher (violett) Barriquenote.

Abb. 41. Der „typische" Rotwein aus der St. Laurent-Traube zeigt sich hier aus dem Hause Darting in Bad Dürkheim, sehr duftbetont, wenn auch nicht aufdringlich schwer. Leichte Holzvarianten lassen sich an der Pigmentierung und an den aufgebauten Farbsträngen im Mund erkennen. Ein Wein, der trotz seines Volumens Leichtigkeit und Dynamik ausstrahlt.

Abb. 42. Dieser Pinot aus dem Hause Klumpp zeigt sehr francofile Charakterzüge. Deutlich balsamisch-würzig mit traditionellen Grünanteilen, präsentiert er schon in der Nase deutliche Unterschiede. Im Mund fast athletisch, schlank, mit interessanten blau-grünen Kombinationen. Ein Wein zum Entdecken.

Abb. 43. Die Winzergenossenschaft Oberkirch setzt mit diesem Pinot auf reife Duftaromatik, mit würzig-erdigen Noten und leicht phenolischer Varianz. Die dunkeln Noten im Mund zeigen auch das Potential, das dieser Wein noch vor sich hat.

5.8 Weingut Steinhardter Hof Bad Sobernheim

Das Streben nach individueller Qualität ist das Ergebnis von durchaus modernen und im reduktivem Ausbaustil gehaltenen Weinen. Durch Auslandsaufenthalte in Kalifornien und Dubai wird ein internationaler Weinstil mit „typisch deutschfruchtigen" Aromaschwerpunkten arrangiert.

Abb. 44. Riesling trocken
Ein hellstrahlendes Duft- und Mundbild, sehr parallel. Deutlich erkennbar seine leichte, frische Säure und der durchgehende Mineralitätseffekt.

Abb. 45. Vinum III
Ein voller, fulminanter Wein mit deutlichen Rotanteilen (Restsüße). Gut erkennbar der Gegensatz von Säure und Süße im Mundbild. Sehr attraktiv für Leute, die das legendäre Süße-Säurespiel mögen.

Abb. 46. Vinum II
Ein weich-cremiger Rieslingduft, reif und trotzdem jugendlich frisch, zeigt sich im Mund expressiv mit knackiger Säure und deutlichen Phenolen. Abwechslungreiche Kombination...nicht nur auf dem Papier.

Abb. 47. Rubinum S
Duft und Nasenbild überzeugen mit punktiertem Geruch und Geschmack. Deutlich vom Barrique geprägt (anthrazit und dunkle Pigmente), mit viel eingebundener, reifer Frucht (violett).

Abb. 48. Cabernet Dorsa
Eine wahre Explosion aus reifen Fruchtaromen und internationalem Holzduft. Der Mund grün-mineralisch herrlich dicht, mit zunehmendem (exponentielle Darstellung) Geschmack, hier vor allem auch haptische Effekte.

Abb. 49. Spätburgunder
Überzeugender, fruchtiger Pinot mit nur wenigen „erdigen“ Noten im Duft. Die ganze Wucht des Burgunders zeigt sich durch braun und rotpigmetierten, cremig-sandigen Versionen im Mund. Sehr abwechslungsreich.

Abb. 50. Riesling Auslese
Eine zarte, leichte Auslese, mit vielen reifen, Anteilen, rund und zart.

5.9 Stefan Pellegrini GmbH

Auf ein kleines Experiment hat sich Stefan Pellegrini eingelassen als er mir drei unterschiedliche Jahrgänge eines Brunello di Montalcino von Il Poggione zum Malen anbot. Je eine Flasche 1985er, 1995er und 2002er waren zu visualisieren. An sich ist eine solche Auswahl schon ein Trinkerlebnis, vielmehr war ich aber selbst gespannt, wie sich die Weine in ihrer Unterschiedlichkeit zeigen würden. Jetzt können auch Sie sich an diesen großartigen Weinen freuen.

Abb. 51. 2002
Die Jugendlichkeit sieht man schon alleine durch die hellen, strahlenden Farben des Duftes. Die exakte Abgrenzung zum Geschmack zeigt noch das Potential des Brunello. Die günen Varianten gehen ebenso abrupt über in zarte, rötliche wie in mineralische Nachhallnoten.

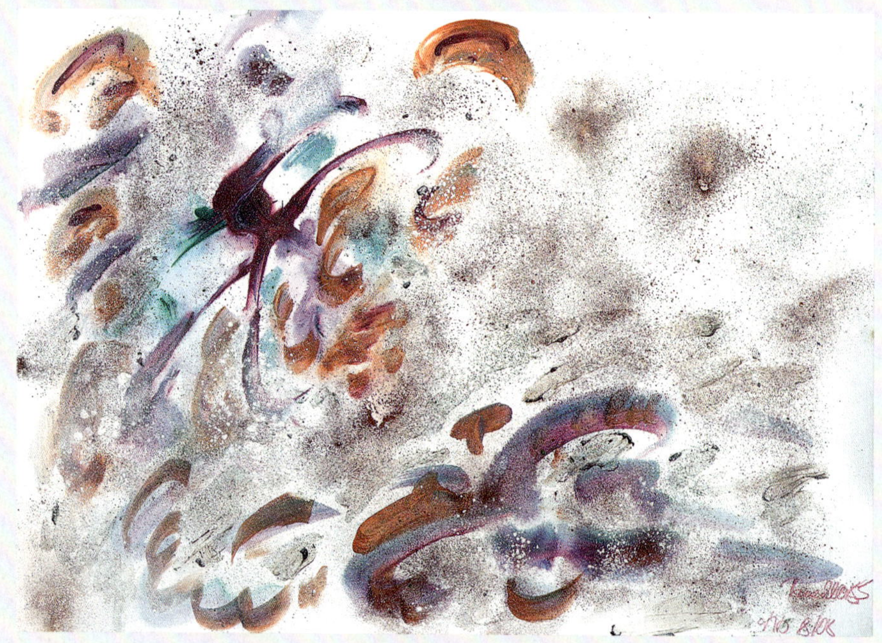

Abb. 52. 1985
Trotz 13,5 vol/% Alkohol wirkt das Bild eher leicht und duftig. An der pastellbraunen Ausrichtung der Farbkombinationen, ist das Alter des Weines schon zu erkennen. Er wirkt jedoch leicht und fast subtil, ausgleichend mit feiner Struktur.

Abb. 53. 1995
Ein Wein der alles zeigt: Fruchtige, mineralische und phenolisch reife Inhaltsstoffe. Fast athletisch, mit dezenter Säure, aber sehr griffiger Mineralität (blau) zeigt sich seine dichte Mundnote, die alles Weitere dieses Weines unterstützt und präsentiert.

6 Service

Wichtige Adressen

Wo bekommt man Weinbilder und Infos?

Das Weinbild ist ein geschützter Begriff und Weinbilder von Martin Darting sind geschützte Produkte. Dahinter verbirgt sich ein komplexes System, das auf

www.martin-darting.de

näher ergründet werden kann. Weinbilder werden von mir auf Wunsch für einzelne Weine oder für ihr ganzes Sortiment angefertigt. Sie können Sie dann für ihre Zwecke beliebig verwenden. Da man damit aber weit mehr machen kann, als Sie z. B. in ihrer Vinothek aufzuhängen oder ein Etikett damit zu gestalten, empfiehlt sich ein weiterführendes Gespräch. Sie erreichen mich unter:

info@martin-darting.de

Selbstverständlich male ich auch Ihren Lieblingswein oder ihr Lieblingsparfum. Oder andere „dufte Dinge“. Obwohl Weinbilder eigentlich keine Kunst im engeren Sinne sind, sind sie sehr dekorativ.

Bildquellen

Titelfoto: Martin Darting

Alle Abbildungen stammen, wenn nicht anders vermerkt, vom Autor. Die Zeichnungen 3–6 fertigte Artur Piestricow nach Vorlagen des Autors.

Nachwort

Vielleicht haben Sie einen Eindruck davon gewonnen, wie Wein oder Duft allgemein noch außer mit Sprache kommuniziert werden kann. Ungewöhnlich, neu, vielleicht auch verrückt und vielleicht etwas revolutionär. Eine Methode die Aroma empfindbar macht, aufdeckt und Geschmack und Duft im Zusammenspiel fassbar und nachvollziehbar macht.

Ich wünsche Ihnen viel Freude dabei, ihren eigenen „Geschmack“ zu entdecken.

Ihr Martin Darting

Martin Dartings Weinbilder können Sie unter folgender Adresse bestellen:

Martin Darting
Sensorik International
PAR-Sensoanalytisches Qualitätsmanagement

Schlossgasse 1
67157 Wachenheim
Tel.:0049-(0) 6322-92271
Fax.:0049-(0) 6322-92272
mobil:0173 3870607
info@martin-darting.de

www.martin-darting.de
Dort erfahren Sie auch die Preise.

Es gibt mehrere Möglichkeiten:

1. Sie bestellen individuelle Bilder für Ihre eigenen Weine:

Hierzu benötigt der Autor je eine Flasche Wein. Der Einsender bekommt dann die Bilder im Original PAR-Beschreibung und Speiseempfehlung gehören dazu und folgen per e-mail.

Als Dankeschön für den Kauf des Buches werden Ihnen 10% Rabatt/Bild bei Einzelbestellung für Individualbilder, 15% beim Kauf von 3 Bildern und 20% beim Kauf von 6 Bildern gewährt

2. Sie bestellen ein Standardpaket:

Diese beinhalten Bilder, die verschiedene Weintypen darstellen. Sie dienen der groben Orientierung für den Kunden.

Das 3er-Standardpaket Weiß enthält z.B.:

1. Bild : leicht und frisch- fruchtig mit rassiger Säure
2. Bild: zarter Weisswein, mit moderater Säure im Holz ausgebaut
3. Bild: Dessertwein/Süßwein, Auslese bis Beerenauslese

Das 3er-Standardpaket Rot enthält z.B.:

1. Bild: Fruchtiger Rotwein wenig Tannin
2. Bild: Schwerer Rotwein im großen Holzfass ausgebaut
3. Bild: Reifer Rotwein im Barrique ausgebaut

Das 6er-Standardpaket weiß-rot enthält je 3 Weiß- und Rotweine.

Sonderwünsche sind immer möglich.

Die in diesem Buch enthaltenen Empfehlungen und Angaben sind vom Autor mit größter Sorgfalt zusammengestellt und geprüft worden. Eine Garantie für die Richtigkeit der Angaben kann aber nicht gegeben werden. Autor und Verlag übernehmen keinerlei Haftung für Schäden und Unfälle.

Bibliografische Information der Deutschen Nationalbibliothek
Die Deutsche Nationalbibliothek verzeichnet diese Publikation in der Deutschen Nationalbibliografie; detaillierte bibliografische Daten sind im Internet über http://dnb.d-nb.de abrufbar.

Wollgrasweg 41, 70599 Stuttgart (Hohenheim)
E-Mail: info@ulmer.de
Internet: www.ulmer.de
Lektorat: Werner Baumeister
Herstellung: Jan Martin Rieger
Umschlaggestaltung: Atelier Reichert, Stuttgart
Satz: r&p digitale medien, Echterdingen
Druck und Bindung: Graph. Großbetrieb Friedrich Pustet, Regensburg
Printed in Germany

ISBN 978-3-8001-7865-0